中央生态环境保护督察工作规定

法 律 出 版 社

图书在版编目(CIP)数据

中央生态环境保护督察工作规定. -- 北京：法律出版社，2019

ISBN 978-7-5197-3641-5

Ⅰ. ①中… Ⅱ. Ⅲ. ①生态环境保护-监管制度-中国 Ⅳ. ①X321.2

中国版本图书馆 CIP 数据核字(2019)第 136374 号

中央生态环境保护督察工作规定
ZHONGYANG SHENGTAI HUANJING BAOHU DUCHA GONGZUO GUIDING

出版 法律出版社
编辑统筹 法规出版分社
总发行 中国法律图书有限公司
开本 850 毫米×1168 毫米 1/32
经销 新华书店
印张 0.75 **字数** 9 千
印刷 固安华明印业有限公司
版本 2019 年 7 月第 1 版
责任印制 吕亚莉
印次 2019 年 7 月第 1 次印刷

法律出版社/北京市丰台区莲花池西里 7 号(100073)
网址/www.lawpress.com.cn
投稿邮箱/info@lawpress.com.cn
举报维权邮箱/jbwq@lawpress.com.cn
销售热线/400-660-8393
咨询电话/010-63939796

中国法律图书有限公司/北京市丰台区莲花池西里 7 号(100073)
全国各地中法图分、子公司销售电话：
统一销售客服/400-660-8393/6393
第一法律书店/010-83938432/8433
西安分公司/029-85330678
重庆分公司/023-67453036
上海分公司/021-62071639/1636
深圳分公司/0755-83072995

书号:ISBN 978-7-5197-3641-5 **定价**:5.00 元

目　　录

中共中央办公厅　国务院办公厅
关于印发《中央生态环境保护
督察工作规定》的通知

各省、自治区、直辖市党委和人民政府，中央和国家机关各部委，解放军各大单位、中央军委机关各部门，各人民团体：

《中央生态环境保护督察工作规定》已经党中央、国务院同意，现印发给你们，请认真遵照执行。

中共中央办公厅

国务院办公厅

2019年6月6日

中央生态环境保护督察工作规定

第一章　总　　则

第一条　为了规范生态环境保护督察工作，压实生态环境保护责任，推进生态文明建设，建设美丽中国，根据《中共中央、国务院关于全面加强生态环境保护坚决打好污染防治攻坚战的意见》、《中华人民共和国环境保护法》等要求，制定本规定。

第二条　中央实行生态环境保护督察制度，设立专职督察机构，对省、自治区、直辖市党委和政府、国务院有关部门以及有关中央企业等组织开展生态环境保护督察。

第三条　中央生态环境保护督察工作以习近平新时代中国特色社会主义思想为指导，深入贯彻落实习近平生态文明思想，增强“四个意识”、坚定“四个自信”、做到“两个维护”，认真贯彻落实党中央、国务院决策部署，坚持以人民为中心，以解决突出生态环境问题、改善生态环境质量、推动高质量发展为重点，夯实生态文明建设和生态环境保护政治责任，强化督察问责、形成警示震慑、推进工作落实、实现标本兼治，不断满足人民日益增长的美好生活需要。

第四条 中央生态环境保护督察坚持和加强党的全面领导，提高政治站位；坚持问题导向，动真碰硬，倒逼责任落实；坚持依规依法，严谨规范，做到客观公正；坚持群众路线，信息公开，注重综合效能；坚持求真务实，真抓实干，反对形式主义、官僚主义。

第五条 中央生态环境保护督察包括例行督察、专项督察和“回头看”等。

原则上在每届党的中央委员会任期内，应当对各省、自治区、直辖市党委和政府，国务院有关部门以及有关中央企业开展例行督察，并根据需要对督察整改情况实施“回头看”；针对突出生态环境问题，视情组织开展专项督察。

第六条 中央生态环境保护督察实施规划计划管理。五年工作规划经党中央、国务院批准后实施。年度工作计划应当明确当年督察工作具体安排,以保障五年规划任务落实到位。

第二章 组织机构和人员

第七条 成立中央生态环境保护督察工作领导小组,负责组织协调推动中央生态环境保护督察工作。领导小组组长、副组长由党中央、国务院研究确定,组成部门包括中央办公厅、中央组织部、中央宣传部、国务院办公厅、司法部、生态环境部、审计署和最高人民检察院等。

中央生态环境保护督察办公室设在生态环境部,负责中央生态环境保护督察工作领导小组的日常工作,承担中央生态环境保护督察的具体组织实施工作。

第八条 中央生态环境保护督察工作领导小组

的职责是：

（一）学习贯彻落实习近平生态文明思想，研究在实施中央生态环境保护督察工作中的具体贯彻落实措施；

（二）贯彻落实党中央、国务院关于生态环境保护督察的决策部署；

（三）向党中央、国务院报告中央生态环境保护督察工作有关情况；

（四）审议中央生态环境保护督察制度规范、督察报告；

（五）听取中央生态环境保护督察办公室有关工作情况的汇报；

（六）审议中央生态环境保护督察其他重要事项。

第九条 中央生态环境保护督察办公室的职责是：

（一）向中央生态环境保护督察工作领导小组报告工作情况，组织落实领导小组确定的工作任务；

（二）负责拟订中央生态环境保护督察法规制度、规划计划、实施方案，并组织实施；

（三）承担中央生态环境保护督察组的组织协调工作；

（四）承担督察报告审核、汇总、上报，以及督察反馈、移交移送的组织协调和督察整改的调度督促等工作；

（五）指导省、自治区、直辖市开展省级生态环境保护督察工作；

（六）承担领导小组交办的其他事项。

第十条　根据中央生态环境保护督察工作安排，经党中央、国务院批准，组建中央生态环境保护督察组，承担具体生态环境保护督察任务。

中央生态环境保护督察组设组长、副组长。督察组实行组长负责制，副组长协助组长开展工作。组长由现职或者近期退出领导岗位的省部级领导同志担任，副组长由生态环境部现职部领导担任。

建立组长人选库，由中央组织部商生态环境部管理。组长、副组长人选由中央组织部履行审核程序。

组长、副组长根据每次中央生态环境保护督察任务确定并授权。

第十一条 中央生态环境保护督察组成员以生态环境部各督察局人员为主体,并根据任务需要抽调有关专家和其他人员参加。中央生态环境保护督察组成员应当具备下列条件:

(一)理想信念坚定,对党忠诚,在思想上政治上行动上同以习近平同志为核心的党中央保持高度一致;

(二)坚持原则,敢于担当,依法办事,公道正派,清正廉洁;

(三)遵守纪律,严守秘密;

(四)熟悉中央生态环境保护督察工作或者相关政策法规,具有较强的业务能力;

(五)身体健康,能够胜任工作要求。

第十二条 加强中央生态环境保护督察队伍建

设，选配中央生态环境保护督察组成员应当严格标准条件，对不适合从事督察工作的人员应当及时予以调整。

第十三条　中央生态环境保护督察组成员实行任职回避、地域回避、公务回避，并根据任务需要进行轮岗交流。

第三章　督察对象和内容

第十四条　中央生态环境保护例行督察的督察对象包括：

（一）省、自治区、直辖市党委和政府及其有关部门，并可以下沉至有关地市级党委和政府及其有关部门；

（二）承担重要生态环境保护职责的国务院有关部门；

（三）从事的生产经营活动对生态环境影响较大的有关中央企业；

（四）其他中央要求督察的单位。

第十五条 中央生态环境保护例行督察的内容包括：

（一）学习贯彻落实习近平生态文明思想以及贯彻落实新发展理念、推动高质量发展情况；

（二）贯彻落实党中央、国务院生态文明建设和生态环境保护决策部署情况；

（三）国家生态环境保护法律法规、政策制度、标准规范、规划计划的贯彻落实情况；

（四）生态环境保护党政同责、一岗双责推进落实情况和长效机制建设情况；

（五）突出生态环境问题以及处理情况；

（六）生态环境质量呈现恶化趋势的区域流域以及整治情况；

（七）对人民群众反映的生态环境问题立行立改情况；

（八）生态环境问题立案、查处、移交、审判、执行等环节非法干预，以及不予配合等情况；

（九）其他需要督察的生态环境保护事项。

第十六条 中央生态环境保护督察“回头看”主要对例行督察整改工作开展情况、重点整改任务完成情况和生态环境保护长效机制建设情况等，特别是整改过程中的形式主义、官僚主义问题进行督察。

第十七条 中央生态环境保护专项督察直奔问题、强化震慑、严肃问责，督察事项主要包括：

（一）党中央、国务院明确要求督察的事项；

（二）重点区域、重点领域、重点行业突出生态环境问题；

（三）中央生态环境保护督察整改不力的典型案件；

（四）其他需要开展专项督察的事项。

第十八条 中央生态环境保护例行督察、“回头看”的有关工作安排应当报党中央、国务院批准。

中央生态环境保护专项督察的组织形式、督察对象和督察内容应当根据具体督察事项和要求确定。重要专项督察的有关工作安排应当报党中央、国务院批准。

第四章　督察程序和权限

第十九条　中央生态环境保护督察一般包括督察准备、督察进驻、督察报告、督察反馈、移交移送、整改落实和立卷归档等程序环节。

第二十条　督察准备工作主要包括以下事项：

（一）向党中央、国务院有关部门和单位了解被督察对象有关情况以及问题线索；

（二）组织开展必要的摸底排查；

（三）确定组长、副组长人选，组成中央生态环境保护督察组，开展动员培训；

（四）制定督察工作方案；

（五）印发督察进驻通知，落实督察进驻各项准备工作。

第二十一条　中央生态环境保护督察进驻时间应当根据具体督察对象和督察任务确定。督察进驻主要采取以下方式开展工作：

（一）听取被督察对象工作汇报和有关专题汇报；

（二）与被督察对象党政主要负责人和其他有关负责人进行个别谈话；

（三）受理人民群众生态环境保护方面的信访举报；

（四）调阅、复制有关文件、档案、会议记录等资料；

（五）对有关地方、部门、单位以及个人开展走访问询；

（六）针对问题线索开展调查取证，并可以责成有关地方、部门、单位以及个人就有关问题做出书面说明；

（七）召开座谈会，列席被督察对象有关会议；

（八）到被督察对象下属地方、部门或者单位开展下沉督察；

（九）针对督察发现的突出问题，可以视情对有关党政领导干部实施约见或者约谈；

（十）提请有关地方、部门、单位以及个人予以协助；

（十一）其他必要的督察工作方式。

第二十二条 督察进驻结束后，中央生态环境保护督察组应当在规定时限内形成督察报告，如实报告督察发现的重要情况和问题，并提出意见和建议。

督察报告应当以适当方式与被督察对象交换意见，经中央生态环境保护督察工作领导小组审议后，报党中央、国务院。

第二十三条 督察报告经党中央、国务院批准后，由中央生态环境保护督察组向被督察对象反馈，指出督察发现的问题，明确督察整改工作要求。

第二十四条 督察结果作为对被督察对象领导班子和领导干部综合考核评价、奖惩任免的重要依据，按照干部管理权限送有关组织（人事）部门。

对督察发现的重要生态环境问题及其失职失责情况，督察组应当形成生态环境损害责任追究问题清单和案卷，按照有关权限、程序和要求移交中央纪委国家监委、中央组织部、国务院国资委党委或者被督察对象。

对督察发现需要开展生态环境损害赔偿工作的，移送省、自治区、直辖市政府依照有关规定索赔追偿；需要提起公益诉讼的，移送检察机关等有权机关依法处理。

对督察发现涉嫌犯罪的，按照有关规定移送监察机关或者司法机关依法处理。

第二十五条 被督察对象应当按照督察报告制定督察整改方案，在规定时限内报党中央、国务院。

被督察对象应当按照督察整改方案要求抓好整改落实工作，并在规定时限内向党中央、国务院报送督察整改落实情况。

中央生态环境保护督察办公室应当对督察整改落实情况开展调度督办，并组织抽查核实。对整改不力的，视情采取函告、通报、约谈、专项督察等措施，压实责任，推动整改。

第二十六条 中央生态环境保护督察过程中产生的有关文件、资料应当按照要求整理保存，需要归档的，按照有关规定办理。

第二十七条 加强边督边改工作。对督察进驻过程中人民群众举报的生态环境问题,以及督察组交办的其他问题,被督察对象应当立行立改,坚决整改,确保有关问题查处到位、整改到位。

第二十八条 加强督察问责工作。对不履行或者不正确履行职责而造成生态环境损害的地方和单位党政领导干部,应当依纪依法严肃、精准、有效问责;对该问责而不问责的,应当追究相关人员责任。

第二十九条 加强信息公开工作。中央生态环境保护督察的具体工作安排、边督边改情况、有关突出问题和案例、督察报告主要内容、督察整改方案、督察整改落实情况,以及督察问责有关情况等,应当按照有关要求对外公开,回应社会关切,接受群众监督。

第五章 督察纪律和责任

第三十条 中央生态环境保护督察应当严明政治纪律和政治规矩,严格执行中央八项规定及其实施细则精神,严格落实各项廉政规定。

中央生态环境保护督察组督察进驻期间应当按照有关规定建立临时党支部,落实全面从严治党要求,加强督察组成员教育、监督和管理。

第三十一条 中央生态环境保护督察组应当严格执行请示报告制度。督察中发现的重要情况和重大问题,应当向中央生态环境保护督察工作领导小组或者中央生态环境保护督察办公室请示报告,督察组成员不得擅自表态和处置。

第三十二条 中央生态环境保护督察组应当严格落实各项保密规定。督察组成员应当严格保守中央生态环境保护督察工作秘密,未经批准不得对外发布或者泄露中央生态环境保护督察有关情况。

第三十三条 中央生态环境保护督察组不得干预被督察对象正常工作,不处理被督察对象的具体问题。

第三十四条 中央生态环境保护督察组应当严格遵守中央生态环境保护督察纪律、程序和规范,正确履行职责。督察组成员有下列情形之一,视情节轻

重,依纪依法给予批评教育、组织处理或者党纪处分、政务处分;涉嫌犯罪的,按照有关规定移送监察机关或者司法机关依法处理:

(一)不按照工作要求开展督察,导致应当发现的重要生态环境问题没有发现的;

(二)不如实报告督察情况,隐瞒、歪曲、捏造事实的;

(三)工作中超越权限,或者不按照规定程序开展督察工作,造成不良后果的;

(四)利用督察工作的便利谋取私利或者为他人谋取不正当利益的;

(五)泄露督察工作秘密的;

(六)有违反督察工作纪律的其他行为的。

第三十五条 生态环境部以及中央生态环境保护督察办公室应当加强对生态环境保护督察工作的组织协调。对生态环境保护督察工作组织协调不力,造成不良后果的,依照有关规定追究相关人员责任。

第三十六条 有关部门和单位应当支持协助中

央生态环境保护督察。对违反规定推诿、拖延、拒绝支持协助中央生态环境保护督察,造成不良后果的,依照有关规定追究相关人员责任。

第三十七条 被督察对象应当自觉接受中央生态环境保护督察,积极配合中央生态环境保护督察组开展工作,如实向督察组反映情况和问题。被督察对象及其工作人员有下列情形之一,视情节轻重,对其党政领导班子主要负责人或者其他有关责任人,依纪依法给予批评教育、组织处理或者党纪处分、政务处分;涉嫌犯罪的,按照有关规定移送监察机关或者司法机关依法处理:

(一)故意提供虚假情况,隐瞒、歪曲、捏造事实的;

(二)拒绝、故意拖延或者不按照要求提供相关资料的;

(三)指使、强令有关单位或者人员干扰、阻挠督察工作的;

(四)拒不配合现场检查或者调查取证的;

（五）无正当理由拒不纠正存在的问题，或者不按照要求推进整改落实的；

（六）对反映情况的干部群众进行打击、报复、陷害的；

（七）采取集中停工停产停业等“一刀切”方式应对督察的；

（八）其他干扰、抵制中央生态环境保护督察工作的情形。

第三十八条 被督察对象地方、部门和单位的干部群众发现中央生态环境保护督察组成员有本规定第三十四条所列行为的，应当向有关机关反映。

第六章 附 则

第三十九条 生态环境保护督察实行中央和省、自治区、直辖市两级督察体制。各省、自治区、直辖市生态环境保护督察，作为中央生态环境保护督察的延伸和补充，形成督察合力。省、自治区、直辖市生态环境保护督察可以采取例行督察、专项督察、派驻监察等方式开展工作，严格程序，明确权限，严肃纪律，规范行为。

地市级及以下地方党委和政府应当依规依法加强对下级党委和政府及其有关部门生态环境保护工作的监督。

第四十条　省、自治区、直辖市生态环境保护督察工作参照本规定执行。

第四十一条　本规定由生态环境部负责解释。

第四十二条　本规定自2019年6月6日起施行。